# Las ondas de información

Shirley Duke

Rourke Educational Media

rourkeeducationalmedia.com

Scan for Related Titles and Teacher Resources

## Actividades antes y después de la lectura

Nivel: Y

## Antes de leer:

### Construcción de vocabulario académico y conocimientos previos

Antes de leer un libro, es importante aprovechar lo que su hijo o los estudiantes ya saben sobre el tema. Esto les ayudará a desarrollar el vocabulario, aumentar la comprensión de la lectura y hacer conexiones a través del plan de estudios.

1. *Miren la portada del libro. ¿De qué se tratará este libro?*
2. *¿Qué es lo que ya saben sobre el tema?*
3. *Vamos a estudiar el Contenido. ¿Sobre qué van a aprender en los capítulos del libro?*
4. *¿Qué les gustaría aprender sobre este tema? ¿Creen que lo pueden aprender con este libro? ¿Por qué sí o por qué no?*
5. *Utilicen un diario para escribir sobre lo que saben de este tema. Escriban lo que ya saben y lo que esperan aprender.*
6. *Lean el libro.*
7. *En el diario, escriban lo que han aprendido con este libro.*
8. *Después de leer el libro, completen las actividades que aparecen a continuación.*

### Vocabulario Área de contenido

*Lean la lista. ¿Qué significan estas palabras?*

**amplitud**
**circuito integrado**
**compresión**
**espectro**
**frecuencia**
**longitudinal**
**microprocesador**
**modulada**
**ondas electromagnéticas**
**oscilar**
**píxeles**
**rarefacción**
**transistores**
**transversales**
**triangular**

## Después de leer:

### Actividades de comprensión y de extensión

Después de leer el libro, trabaje en las siguientes preguntas con su hijo o con los estudiantes con el fin de comprobar el nivel de comprensión lectora y el dominio del contenido.

1. *¿Cómo cambió el descubrimiento de las ondas la forma en que las personas se comunican? (Resumir)*
2. *¿Por qué los radioaficionados tienen restricciones? (Inferir)*
3. *¿Las ondas son portadores de energía? (Preguntar)*
4. *¿Cómo sería tu vida si no existieran las ondas? (Auto-conexión con el texto)*
5. *¿Cómo se basan los científicos e inventores en las ideas de otros para crear nuevas tecnologías? (Preguntar)*

### Actividad extensión

¡Observa una onda! Necesitarás un compañero(a), un "Slinky", o muelle de metal, y cinta adhesiva. Pon un pedazo de cinta adhesiva en el centro del Slinky. Dale un extremo del muelle a tu compañero(a) mientras tú sujetas el otro y aléjate hasta que el Slinky esté extendido; no te alejes demasiado. Una vez que los dos estén parados, empuja rápidamente el final del Slinky hacia tu pareja y mira atentamente la onda que se produce. Repite varias veces y observa. ¿Qué le está sucediendo a la cinta adhesiva?

# Contenido

# Medios de comunicación antiguos

¿Qué haces cuando quieres hablar con un amigo que está al otro lado de la ciudad? ¿Le envías un texto? ¿Le llamas por teléfono? Ambas cosas son fáciles de hacer, pero piensa en cómo la gente se comunicaba antes de que la tecnología utilizara el poder de las **ondas electromagnéticas**.

La comunicación escrita se ha utilizado desde la antigüedad. Los fenicios, una antigua civilización, desarrollaron un alfabeto sencillo. Los sumerios, otra civilización antigua, utilizaron dibujos o pictogramas como forma de escritura.

*La escritura cuneiforme sumeria es el sistema de escritura más antiguo que se conoce. Data de alrededor de 8000 años a.C.*
*Se desarrolló a partir de las pictografías y otros símbolos utilizados para representar los bienes comerciales y el ganado en tablillas de arcilla.*

Los mensajes orales eran importantes para las comunicaciones rápidas. A menudo los mensajeros corrían para llevar los mensajes al destinatario. Los caballos proporcionaron un medio de entrega más rápido. Con el tiempo, surgieron las oficinas de correos. Aún así, algunas veces las personas necesitaban enviar mensajes aún más rápido. A través de los siglos evolucionó la búsqueda de comunicación más rápida.

Joseph Henry
1797 – 1878

Mientras la comunicación escrita seguía desarrollándose, también se desarrolló el uso de las ondas electromagnéticas para una comunicación más rápida. El desarrollo del primer telégrafo eléctrico de Joseph Henry en 1831 dio lugar a una forma de enviar mensajes rápidos. Otros inventores lo mejoraron después.

*El telégrafo utiliza electricidad para enviar mensajes codificados a través de cables.*

Aunque al principio se utilizaba para mensajes individuales, las agencias de noticias adoptaron el telégrafo eléctrico como una manera de obtener las últimas actualizaciones en el desarrollo de historias noticiosas. Los reporteros también lo utilizaban para actualizar los resultados deportivos.

Las primeras líneas de telégrafo eran muy básicas. Más tarde, el uso de dos líneas, una para enviar y otra para recibir, mejoró el envío de mensajes. En 1835, Samuel Morse desarrolló el código Morse, que utilizaba puntos y rayas para representar el alfabeto, simplificando aún más la transmisión de mensajes.

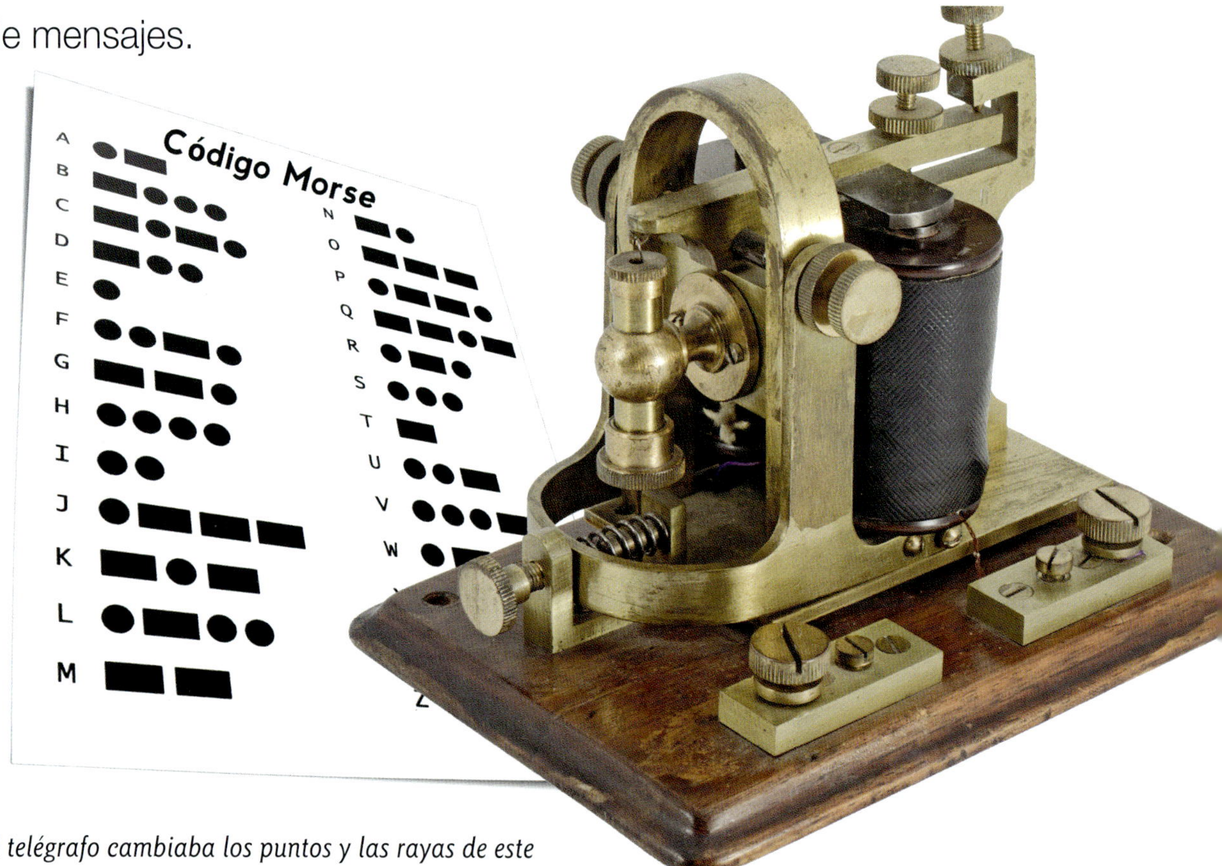


*El telégrafo cambiaba los puntos y las rayas de este código en impulsos eléctricos y los transmitía a través de los hilos telegráficos. Un receptor de telégrafo en el otro extremo del cable convertía los impulsos eléctricos en puntos y rayas en una cinta de papel.*

Gran Bretaña adaptó una forma del código Morse que se utilizaba en toda Europa. A medida que aumentaba la necesidad de comunicación internacional, el código Morse más complicado utilizado en Estados Unidos cambió y se adoptó lo que se llamaba el *código Morse continental*.

Guglielmo Marconi
1874 – 1937

El problema con los telégrafos era que estaban limitados a los cables que los transmitían. Tampoco había forma de ponerse en contacto con los buques en los mares o llegar a otros países de ultramar.

En 1895, Guglielmo Marconi descubrió las señales de radio de las ondas terrestres. Estas ondas de radio se movían alrededor de la Tierra y podían recorrer largas distancias a través de la tierra y los océanos. Este descubrimiento permitió por primera vez que las ondas transmitieran información.

La Ley de Radio de 1912, una ley federal de los Estados Unidos, permitió a los aficionados el uso limitado de las ondas de radio y requirió la obtención de una licencia. También asignó la frecuencia que tenían que usar.

*Los dispositivos de radio de Guglielmo Marconi que atravesaban el océano salvaron muchas vidas, incluyendo todos los pasajeros que sobrevivieron el hundimiento del Titanic en 1912.*

Marconi envió señales de radio a través del océano Atlántico con radios de alta potencia y antenas gigantes. Utilizó la información descubierta por James Clerk Maxwell en 1873: el campo electromagnético, un **espectro** de ondas.

Muchas personas comenzaron a utilizar el espacio limitado de las ondas de radio llamadas bandas. Los operadores radioaficionados al principio se comunicaban en retransmisión, y para 1921, por todo el mundo. La era de la información inalámbrica ya había sobrepasado su etapa inicial, y estaba en vías de desarrollo.

Los operadores radioaficionados competían por el espacio aéreo de radio y aquellos que interferían con las transmisiones de los demás fueron llamados en inglés "*hams*" o "*jamones*". Con el tiempo, el término se hizo común y ya no tiene el significado original. El término correcto para estos operadores es radioaficionados. Los aficionados todavía tienen que obtener una licencia y seguir las regulaciones.

# ¿Qué son las ondas?

Las ondas son parte de la naturaleza. Las personas pueden comprender el mundo físico mejor si entienden las ondas y sus movimientos. Las personas usan vibraciones y ondas para ver y oír. Las ondas de luz y de sonido son los ejemplos más comunes de ondas.

*Ondas sonoras*

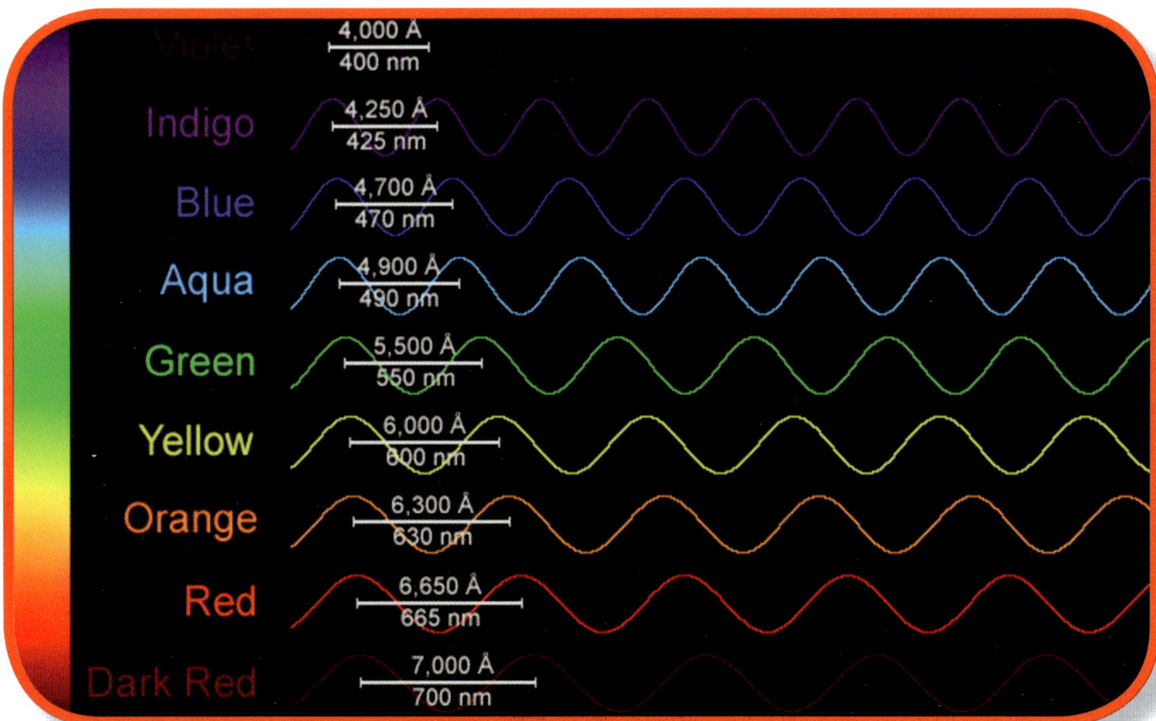


*Ondas de luz*

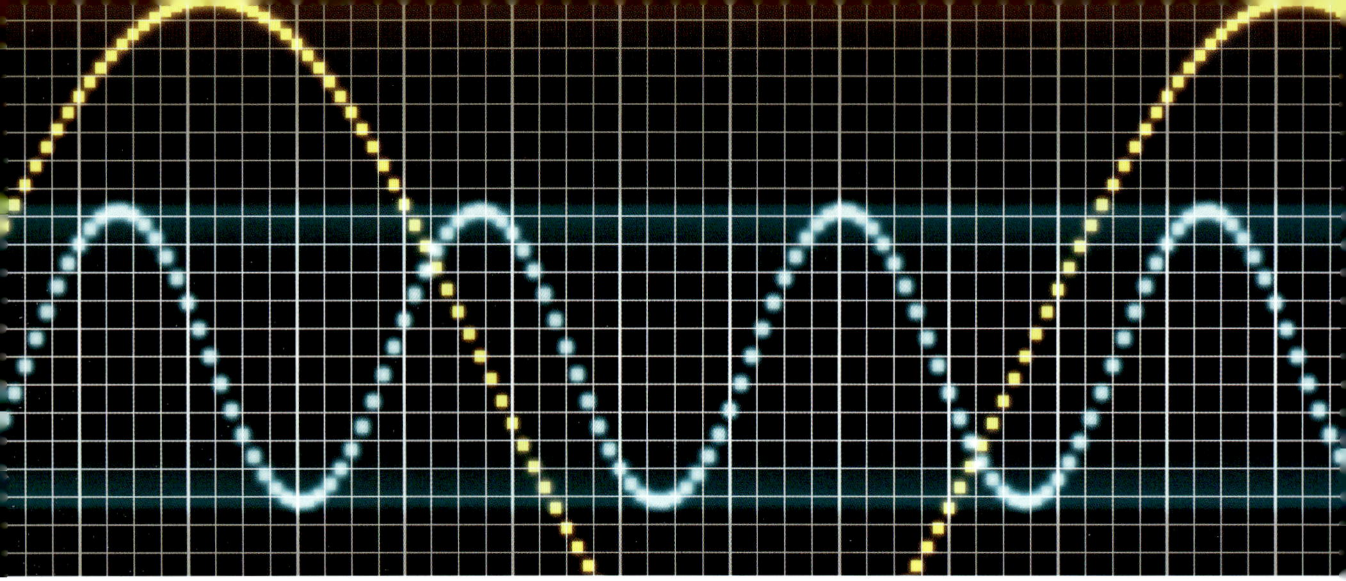

Las ondas tienen unas características peculiares. Las ondas **oscilan**, o se mueven hacia adelante y hacia atrás, en intervalos regulares. Una onda es causada por una fuerza aplicada a la materia. La fuerza debe ser continua para que se mantenga la onda. Una onda se mueve creando un patrón que se repite continuamente. Cada onda tiene la misma longitud, **frecuencia** y **amplitud** específica siempre que la fuerza sea la misma.

Algunas ondas son físicas. Las ondas físicas necesitan una sustancia para su transmisión. Tira una piedra en un estanque. La fuerza de la piedra provoca ondulaciones en las ondas que se alejan del centro. Las ondas sonoras no viajan a menos que haya una sustancia que las transporte, a diferencia de las ondas electromagnéticas.

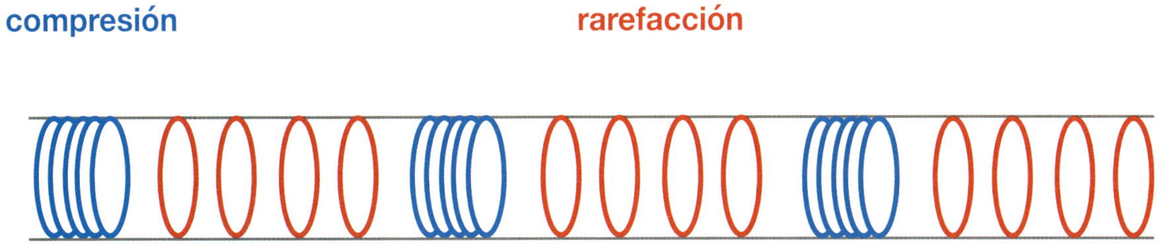


*Hay regiones en el aire donde las partículas se comprimen agrupándose y otras regiones donde las partículas se separan. Estas regiones se conocen como compresiones y rarefacciones. Las compresiones son regiones de alta presión, mientras que las rarefacciones son regiones de baja presión.*

Las ondas electromagnéticas son una forma de energía. Las ondas electromagnéticas pueden moverse a través del vacío como el espacio. Estas ondas no necesitan un medio para su transmisión.

El movimiento ondulatorio se genera por el movimiento de las partículas. La energía de una onda se pasa de partícula a partícula, mientras que las partículas no cambien de posición.

Las ondas **longitudinales** se mueven paralelas a la dirección de desplazamiento de la onda. Las ondas primarias de un terremoto son ondas longitudinales. La **compresión** se refiere al área de una onda donde las moléculas se acercan cada vez más. La **rarefacción** es el área de una onda donde las moléculas están más alejadas.

Las ondas **transversales** desplazan las partículas en un ángulo recto en la dirección de las ondas. Las ondas de agua se forman con una combinación de ambas.

**ondas transversales**

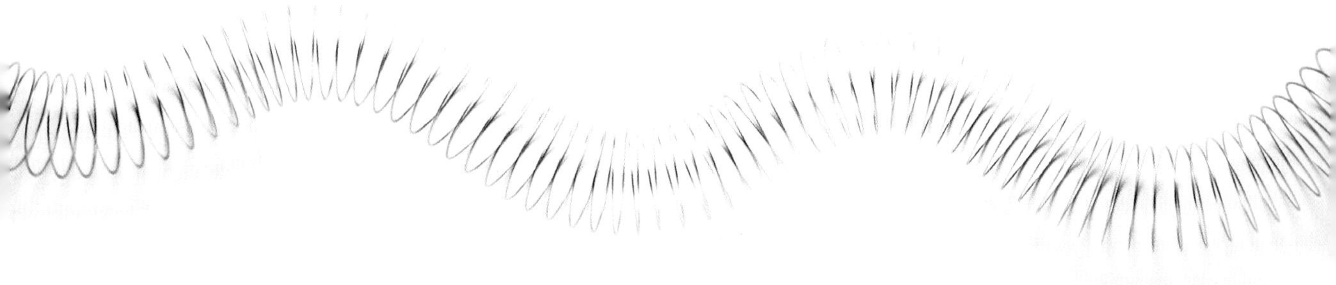

**ondas longitudinales**

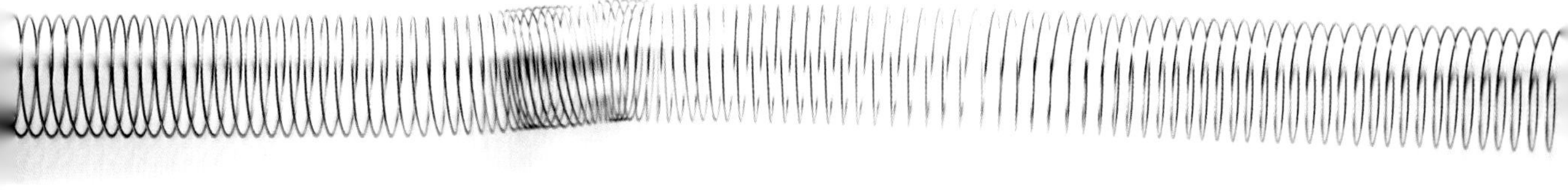

Las ondas se forman en un patrón alternado de crestas y valles. Este patrón se encuentra en todas las ondas. La cresta es el punto más alto de la onda y el valle es el punto más bajo. La distancia entre una cresta y la siguiente se llama longitud de onda.

La amplitud describe la altura de la onda. Se mide desde el punto medio hasta la parte superior de la cresta. La amplitud muestra cuán intensa es la onda. La longitud de onda no afecta a la amplitud.

La frecuencia muestra el número de ondas por segundo. La frecuencia se calcula midiendo el número de oscilaciones que da un punto en medio de la onda en un segundo. La unidad para medir la frecuencia es el hercio (Hz). Las frecuencias bajas tienen longitudes de ondas largas, mientras que las altas frecuencias tienen longitudes de onda cortas.

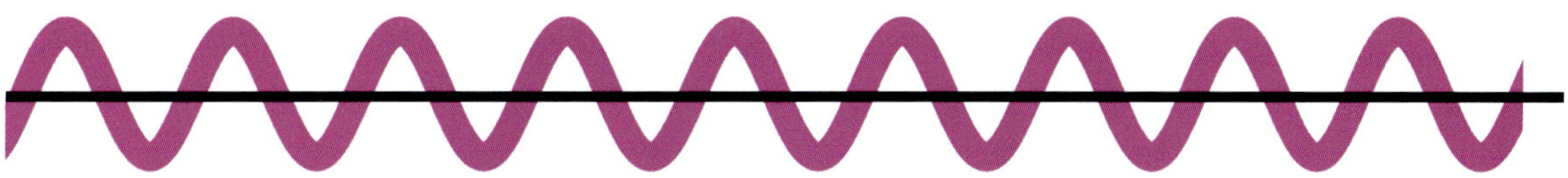

**frecuencia alta**

**frecuencia baja**

Aunque muchas ondas no se pueden ver, ellas llevan la energía de un lugar a otro. Una modificación compleja en la frecuencia llevará una señal de un lugar a otro. Las ondas son fundamentales para la transmisión de información.

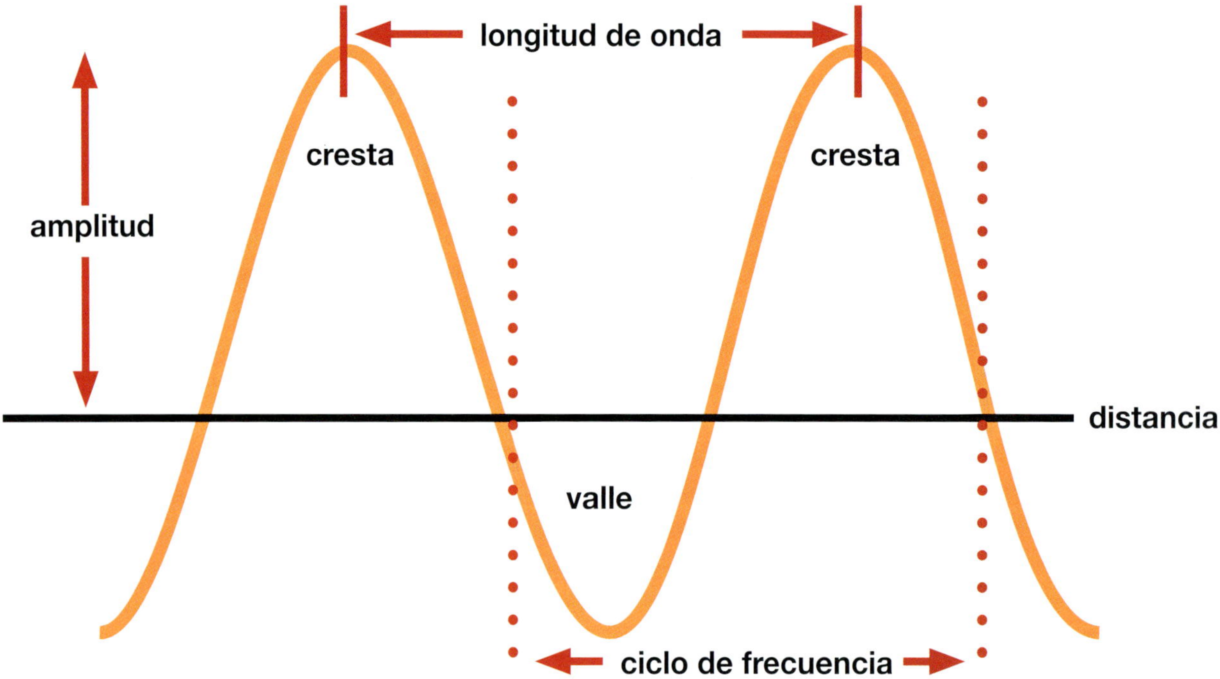

*Las ondas pueden ser reflejadas, absorbidas o transmitidas a través de diversos materiales.*

# La radiación electromagnética

Las partículas en movimiento con cargas eléctricas crean ondas electromagnéticas, una especie de energía radiante. Otro término es radiación electromagnética.

Estas ondas provienen de cualquier fuente de energía. El Sol crea enormes cantidades de radiación. Las ondas están formadas por un campo magnético y un campo eléctrico. Las ondas electromagnéticas viajan a través del aire y del vacío del espacio.

## La luz visible y la invisible

La mayor parte de las ondas de luz en el espectro electromagnético son invisibles para las personas. Solo podemos ver la luz visible. Las vemos como los colores de un arco iris.

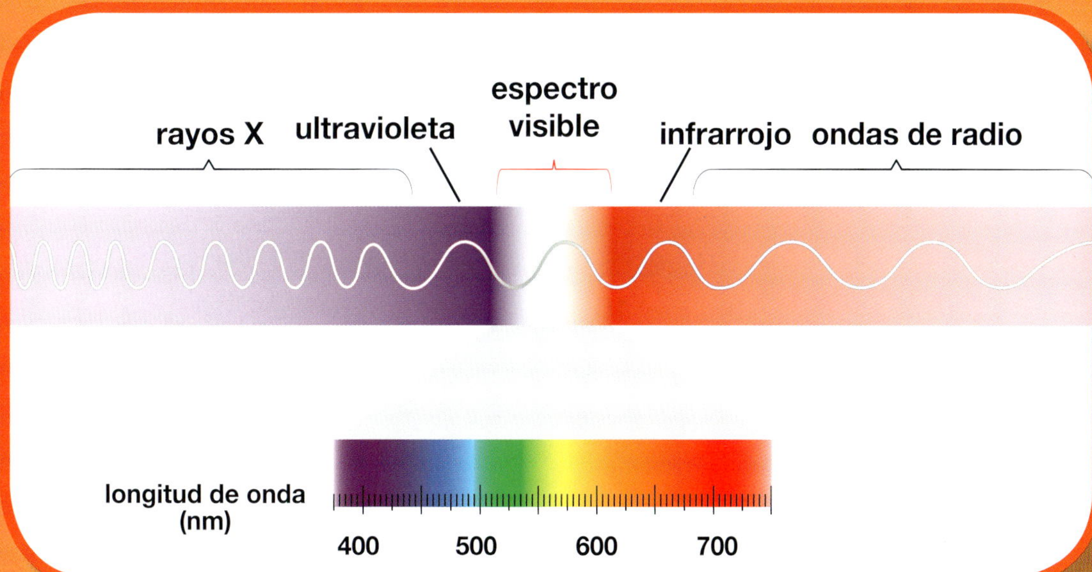

## Un conjunto de señales

Para hacer las señales más claras, se conectan varios radiotelescopios que trabajan en conjunto. El "Very Large Array" (VLA) en Nuevo México está formado de 27 antenas colocadas en un patrón Y de casi 22 millas (36 kilómetros) de ancho.

*La carga de partículas mediante el estímulo con electricidad crea la luz brillante que se ve en el neón. Estimular significa elevar el nivel de energía por encima de un estado de referencia.*

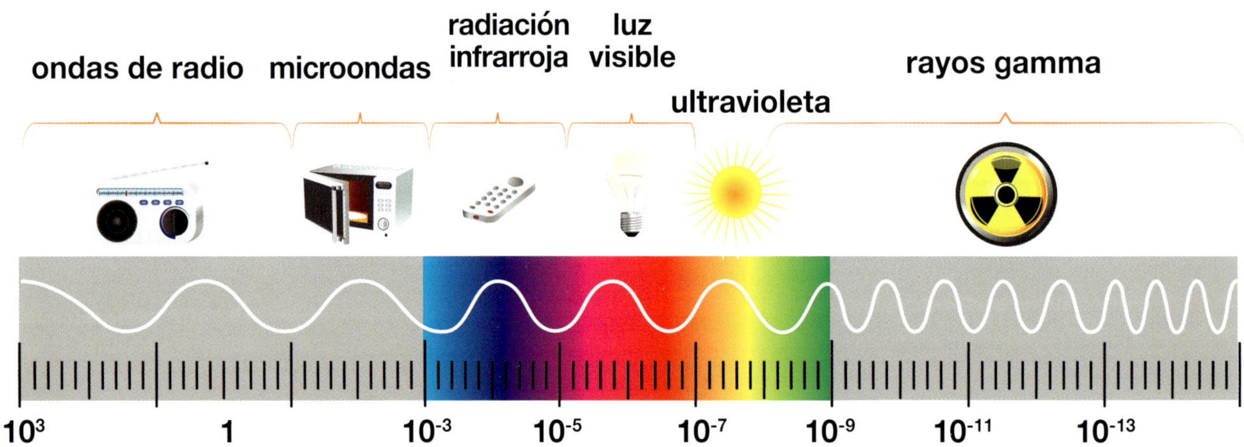


Las ondas de radio tienen la frecuencia más baja. Las ondas de radio transmiten la música, la televisión y las señales de telefonía celular. Las señales son recibidas por los grandes telescopios de radio, unos platos de metal que reflejan las ondas de radio a un punto focal.

## Dato clave

El radar es un acrónimo inglés para "radio detection and ranging" o detección y localización por radio.

*El radar Doppler se utiliza para pronosticar el tiempo.*

Las microondas pueden medir desde unas pocas pulgadas (centímetros) hasta un pie (30,48 centímetros). Las microondas más largas son las que se encuentran en los hornos de microondas para calentar los alimentos.

Las microondas pueden atravesar la niebla, la lluvia, la nieve, las nubes y el humo. Esto las hace útiles para el envío de información a diferentes lugares.

Los radares envían ráfagas cortas de microondas. Los ecos rebotan desde el objeto para detectar su ubicación.

## Sensaciones de la piel

Nuestra piel tiene terminaciones nerviosas que detectan las diferencias en la cantidad de calor que sentimos.

Las ondas de luz infrarroja también varían en tamaño. Las longitudes de ondas infrarrojas más largas son las térmicas, o las que tienen calor. El calor del fuego y el calor de la luz solar son ondas infrarrojas. Cualquier cosa que tenga alguna temperatura irradia ondas infrarrojas.

### Dato clave

Los restaurantes utilizan las ondas infrarrojas para mantener los alimentos calientes mediante lámparas especiales que emiten ondas infrarrojas.

Las ondas infrarrojas más cortas no son calientes. Estas longitudes de onda corta se utilizan en los controles remotos del televisor para cambiar los canales de la televisión. Las imágenes infrarrojas también se pueden hacer con cámaras y cintas de películas especiales. La cámara detecta diferentes temperaturas y crea una imagen.

## Los observadores de ondas

Las víboras tienen órganos sensoriales de calor en forma de orificio entre los ojos y la fosa nasal a cada lado de la cabeza que pueden detectar ondas de luz infrarroja. Esto les permite localizar a sus presas de sangre caliente, incluso en la oscuridad.

Las ondas de luz visibles son radiaciones que los ojos de las personas pueden detectar. El rango de la luz visible se extiende desde las ondas largas de color rojo a las ondas más cortas de color violeta.

Los prismas separan la luz blanca en cada longitud de onda. El ojo humano detecta los colores con receptores que se encuentran en la parte posterior del ojo.

El brillo del color depende de la cantidad de onda de luz que se refleja, o que es enviada de vuelta. Algunos materiales absorben diferentes longitudes de ondas, produciendo los colores que las personas ven.

*La luz blanca proviene de la combinación de todos los colores.*

## ¿Sabías que...?

Las personas ven los colores porque los ojos recogen sólo las longitudes de ondas que no son absorbidas por el objeto. Por ejemplo, el cielo se ve azul porque el cielo absorbe todos los demás colores y sólo refleja el azul.

La luz visible, al igual que otras ondas electromagnéticas, viaja a través del espacio. No está hecha de materia, como las ondas sonoras o las ondas de agua, sino de ondas y fotones. La luz viaja en línea recta, pero puede refractarse por diferentes materiales transparentes, tales como el agua, el aire o el vidrio.

Cuando la luz alcanza un objeto puede ser reflejada, absorbida o transmitida a través de ese objeto. El material del objeto y la frecuencia de onda de luz determinan lo que ocurre con la luz.

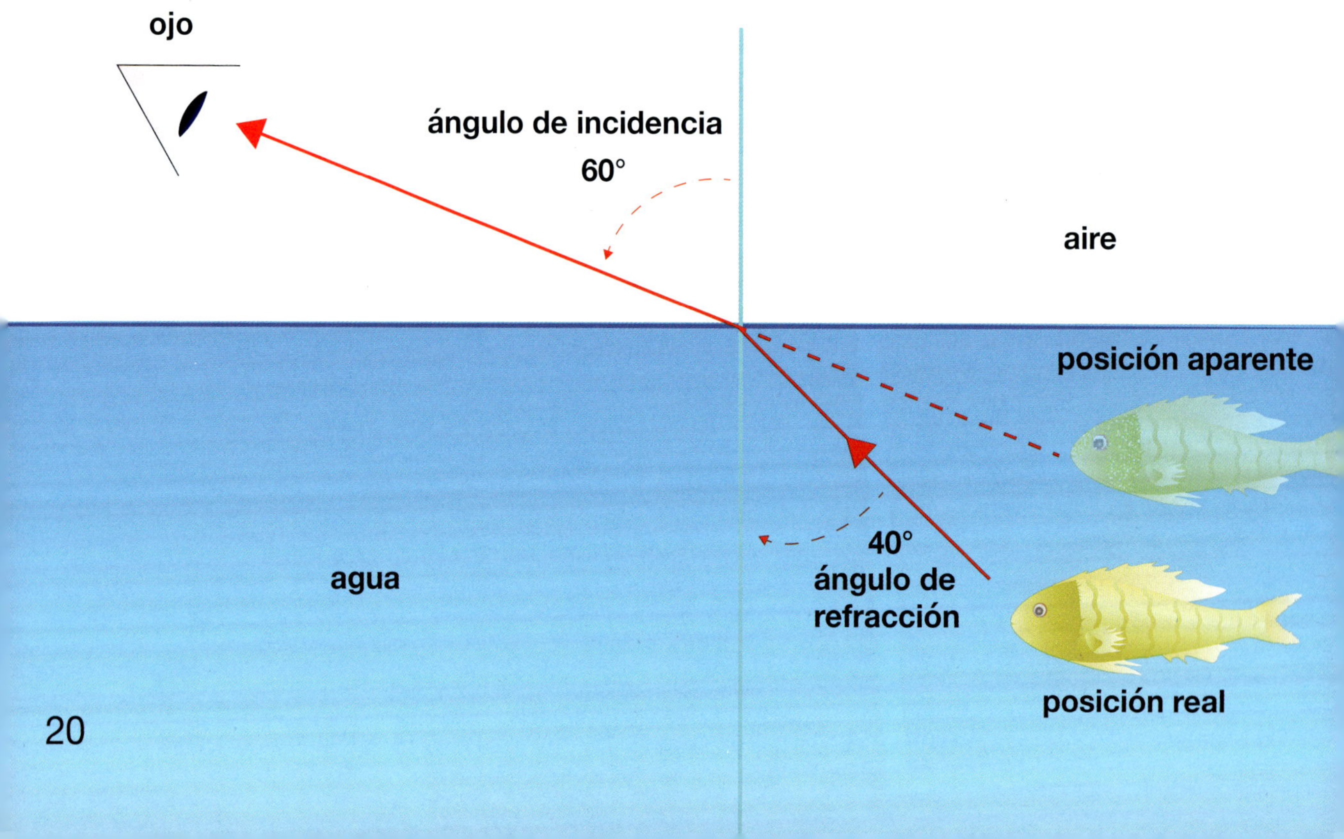

Las ondas de luz ultravioleta (UV) también varían en tamaño. Las longitudes de ondas UV más cortas contienen más energía que las ondas más largas, las cuales tienen un tamaño parecido a la luz visible.

El Sol emite rayos UV de todas las longitudes. Estas ondas de luz son la causa de las quemaduras solares. Los astrónomos estudian la luz UV para aprender más sobre el universo.

*Los rayos UV producen esta imagen de la galaxia M81, a 12 millones de años-luz de la Tierra.*

## Bloqueador solar

La capa protectora de ozono alrededor de la atmósfera de la Tierra bloquea algunos rayos UV. Los científicos han creado un índice UV que nos permite saber la intensidad que tienen las ondas de luz UV.

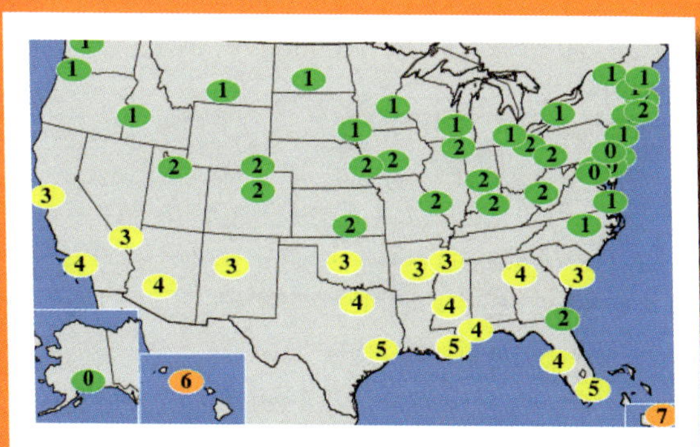

**Niveles de exposición**

| bajo | moderado | alto | muy alto | extremo |
|---|---|---|---|---|
| 0 1 2 | 3 4 5 | 6 7 | 8 9 10 | >11 |

**Minutos para dañar la piel**

| bajo | moderado | alto | muy alto | extremo |
|---|---|---|---|---|
| >60 | 45 | 30 | 15 | <10 |

## Heinrich Hertz

1857 – 1894

Heinrich Hertz, un físico alemán, fue el primero en demostrar la existencia de ondas electromagnéticas. Su descubrimiento se basó en la teoría electromagnética de la luz de Maxwell James Clerk. El Sistema Internacional de Unidades (SI) nombró en su honor a la unidad para medir la frecuencia, el hercio. Su descubrimiento le abrió paso al telégrafo inalámbrico, al radio y a la televisión.

## Un descubrimiento accidental

Los rayos X fueron descubiertos accidentalmente por el científico alemán Wilhelm Roentgen mientras realizaba otros experimentos. Roentgen tomó una imagen de rayos X de la mano de su esposa y se sorprendieron al ver los huesos y el anillo de bodas. Roentgen llamó a esta radiación desconocida X.

Wilhelm Roentgen

1845 – 1923

Los rayos X tienen mayor energía que las ondas UV debido a que la longitud de sus ondas es menor. Las ondas de rayos X se comportan más como partículas que como ondas.

Las imágenes de rayos X se utilizan para detectar huesos rotos, pero también pueden mostrar neumonía y cáncer del seno. Los rayos X muestran imágenes del interior del cuerpo en varios tonos de blanco y negro. Los diferentes tejidos absorben los rayos X en diferentes cantidades. Los huesos aparecen blancos debido a que su calcio absorbe la mayor cantidad de rayos X.

Es importante limitar la exposición al alto nivel de energía en las radiografías. Afortunadamente, la atmósfera de la Tierra bloquea los rayos X.

Las ondas más energéticas y más pequeñas se encuentran en los rayos gamma. Las explosiones nucleares y los átomos radiactivos emiten rayos gamma.

Estos rayos pueden matar células vivas, haciéndolos dañinos para las células sanas pero útiles para la medicina, ya que pueden tratar ciertas células cancerígenas.

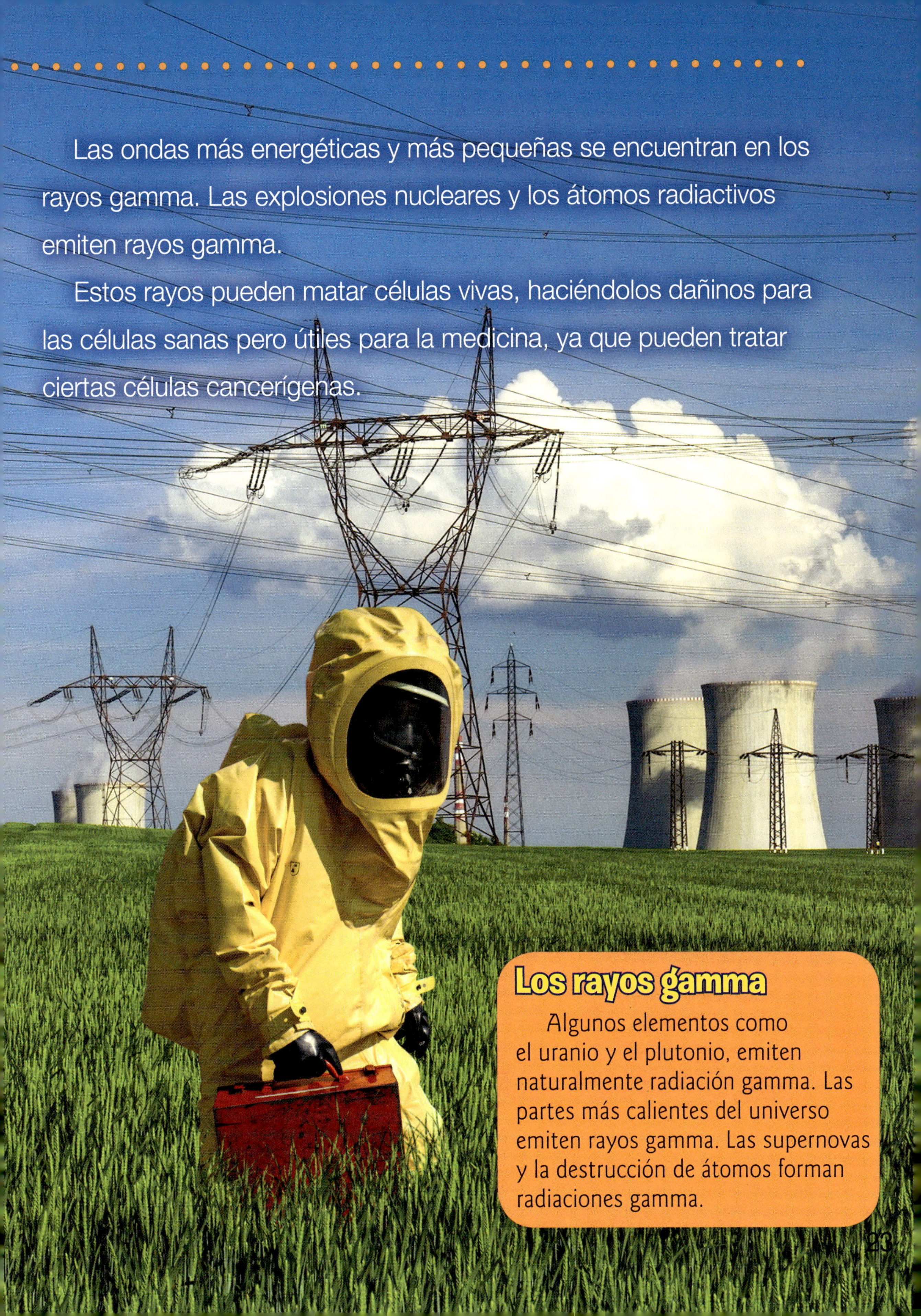

## Los rayos gamma

Algunos elementos como el uranio y el plutonio, emiten naturalmente radiación gamma. Las partes más calientes del universo emiten rayos gamma. Las supernovas y la destrucción de átomos forman radiaciones gamma.

# La tecnología y la comunicación

El código Morse y el telégrafo abrieron paso a nuevas invenciones. Los primeros descubrimientos de las señales de radio de Marconi prepararon el camino para nuevas invenciones que utilizaron y mejoraron esas señales.

Alexander Graham Bell patentó el teléfono eléctrico en 1876. Después de eso, de 1877 a 1899, la tecnología para grabar y reproducir el sonido se desarrolló con una serie de invenciones.

*Los primeros teléfonos funcionaban de manera similar a los teléfonos de hoy en día: tu voz genera energía a partir de las vibraciones de tus cuerdas vocales. La energía viaja a través del micrófono, haciendo vibrar el diafragma. El diafragma convierte la energía en electricidad que fluye por la línea de teléfono hacia el altavoz en el otro extremo, donde se convierte de nuevo en sonido.*

**Dato clave**

En 1908, Columbia Récords introdujo los primeros discos de dos caras. Hasta entonces, todas las grabaciones se hacían en un solo lado.

A principios del siglo XX, se empezaron a utilizar los discos planos en lugar de los cilindros. En 1906 se introdujo el tocadiscos RCA Victor Victrola. Podía tocar discos de diferentes velocidades.

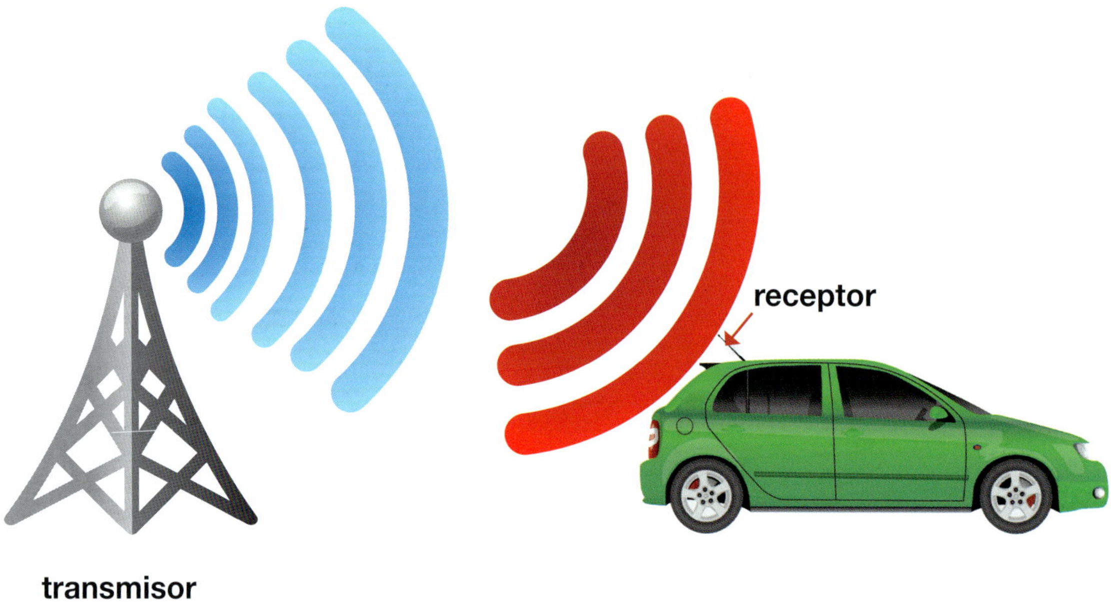


## Los receptores

Las antenas son barras de metal o platos que actúan como un receptor y capturan las ondas de radio. Las ondas se convierten en señales eléctricas que transmiten a un radio, a una televisión o a un teléfono.

Las antenas y los transmisores se utilizan en la mayoría de los sistemas de comunicación modernos.

La primera transmisión de radio tuvo lugar en 1912. Las señales de radio se componen de ondas sonoras. Los transmisores convierten las señales eléctricas en ondas de radio. Estas ondas viajan grandes distancias en una transmisión.

Las señales de ondas se envían a través de la atmósfera y son captadas por los receptores.

Las ondas de radio dieron paso al descubrimiento de formas para controlar la frecuencia o la amplitud **modulada**. Esto significa variar las propiedades de las ondas. Las ondas de radio AM son de amplitud modulada y las ondas de radio FM son de frecuencia modulada.

## La evolución del entretenimiento

Desde 1925 hasta 1949 el radio era la forma más popular de entretenimiento. Los sistemas de sonido que introdujeron música y efectos sonoros en las películas llegaron en 1925. La "National Broadcasting Company" (NBC) se convirtió en la primera red radial en 1926. La "American Broadcasting Network" comenzó en 1945.

Cada estación de radio tiene una frecuencia asignada para que los oyentes la puedan sintonizar. El circuito de sintonía selecciona esa frecuencia y la corriente se mueve de un lado para otro solamente en esa frecuencia. Los primeros radios con sintonizadores para las diferentes estaciones se introdujeron en 1916.

| Unidades de frecuencia | | |
|---|---|---|
| **hercio** | **Hz** | **1 ciclo por segundo** |
| **kilohercio** | **KHz** | **1.000 ciclos por segundo** |
| **megahercio** | **MHz** | **un millón de ciclos por segundo** |
| **gigahercio** | **GHz** | **mil millones de ciclos por segundo** |

## La comunicación espacial

Una nave espacial se comunica con las personas en la Tierra mediante el uso de ondas de radio. La nave espacial tiene un transmisor y un receptor que interpretan los mensajes enviados. Las señales entre la Tierra y la nave espacial son débiles debido a la distancia. Receptores enormes se enfocan en la ubicación exacta de la nave.

David Sarnoff, pionero en el desarrollo de la radio, pensó que las imágenes también podrían ser transmitidas a través del aire. Al mismo tiempo, Philo T. Farnsworth imaginó una forma para dividir las imágenes en líneas horizontales. La señal eléctrica de líneas se reajustaría formando la misma imagen en el receptor.

Farnsworth mostró la primera imagen de televisión en 1927. La diminuta imagen medía cerca de una pulgada y media cuadrada (3,81 $cm^2$). En 1928, John Logie Baird transmitió una señal de televisión a través del océano Atlántico.

David Sarnoff
1891 – 1971

John Logie Baird
1888 – 1946

Farnsworth mostró su primer televisor a los reporteros en 1928. Las borrosas imágenes llegaban a una pantalla muy pequeña, a 20 segundos por imagen. Este movimiento fue suficiente para que los espectadores creyeran que sus ojos estaban viendo imágenes en movimiento.

La Segunda Guerra Mundial (1939-1945) detuvo el desarrollo de la televisión. Para 1947, se transmitían regularmente unos pocos programas de televisión. Los primeros **transistores** aparecieron ese año. Los transistores son pequeños interruptores y amplificadores.

*Philo T. Farnsworth y Mabel Bernstein muestran un televisor para el hogar en el Farnsworth Television Laboratories en Filadelfia, Pensilvania, en 1935.*

**Dato clave**

La televisión fue presentada al público en la Feria Mundial de Chicago en 1939.

Philo T. Farnsworth

1906 – 1971

Los primeros monitores utilizaron tubos de rayos catódicos (CRT). Hoy en día, una pantalla de cristal líquido (LCD) y plasma forman una pantalla más delgada para la recepción de imágenes. LCD es una tecnología con una pantalla a modo de rejilla. Una corriente eléctrica se mueve a través de dos conductores en la rejilla. Esto controla la luz en todos los puntos de la rejilla, llamados **píxeles**.

## Cómo funciona

Los CRT o tubos de rayos catódicos forman imágenes mediante el envío de electrones desde la parte posterior hacia los fósforos, un material fluorescente que se encuentra en la parte delantera de la pantalla. Cuando los electrones chocan, se iluminan y aparecen en la pantalla. Los colores rojo, azul y verde se combinan para producir todos los colores que ves. Los electrones están guiados por el magnetismo.

## Las señales digitales

Digital significa tecnología electrónica que utiliza un estado positivo o no positivo, o una señal de encender y apagar, representada por los números uno y cero. Las señales digitales son más fiables que las transmisiones tradicionales que utilizan impulsos eléctricos. La tecnología más moderna utiliza señales digitales para transmisores y receptores.

Las cámaras de televisión copian la imagen que ven una línea a la vez. Estas múltiples líneas de luz de colores se transforman en una corriente eléctrica, de izquierda a derecha y de arriba hacia abajo. Esta corriente va al receptor del televisor y luego se vuelve a recrear como la imagen enviada. Los micrófonos captan el sonido y lo envían al mismo tiempo en una señal independiente.

Las señales de televisión se transmiten en las frecuencias específicas de la estación que las difunde. La nueva tecnología utiliza señales digitales. Los números 0 y 1 funcionan en una transmisión digital como la información en una computadora.

La televisión en cadena comenzó en los EE. UU. en 1949. Las transmisiones eran en blanco y negro. Los televisores en color estuvieron disponibles a partir de 1954, pero la mayoría de las personas tenían televisores en blanco y negro y siguieron usándolos. El debut en 1961 del programa de Walt Disney "The Wonderful World of Color" despertó el interés en los aparatos de televisión en color.

## La evolución de la televisión en color

La tecnología de la televisión en color fue inventada en 1950, pero era rudimentaria y no se podía ver en los televisores en blanco y negro. Los televisores en color se comenzaron a vender en 1954.

Las décadas entre 1950 y 1974 trajeron cambios en la tecnología de sonido y la transmisión. Esto fue el resultado de los años de la Guerra Fría cuando la competencia espacial con los soviéticos se intensificó. El **circuito integrado** (IC) se desarrolló debido a la necesidad de incluir aparatos electrónicos en las cápsulas espaciales. Estos circuitos integrados contenían miles de transistores en un diminuto chip.

## La llegada del cable

Time Inc. ofreció televisión por cable en 1972 mediante "Home Box Office" (HBO). La compañía compró los derechos de películas recientes y las envió a sistemas locales a través de señales satelitales y de microondas. El costo inicial de HBO era $6 al mes. La televisión por cable introdujo a MTV en 1981.

La introducción de los satélites mejoró y refinó las transmisiones de señales de radio. Un satélite es un equipo hecho por el hombre que recopila datos o ayuda en la comunicación.

Los satélites reciben señales de radio enviadas desde la Tierra. Devuelven la señal de radio a la Tierra, a menudo por la reflexión del satélite. Los satélites modernos reciben señales de radio y las devuelven a la Tierra con más fuerza que la señal original. Esto se conoce como amplificación de la señal. Estos satélites pueden cambiar la frecuencia para que las señales no se mezclen.

Los satélites de comunicaciones funcionan como una estación de retransmisión. Las estaciones terrestres transmiten señales que el receptor del satélite recoge. Las señales se filtran, se cambia su frecuencia y se amplifican. Entonces, el satélite envía la señal de vuelta desde una antena transmisora. Los satélites han mejorado la comunicación inalámbrica mediante la tecnología.

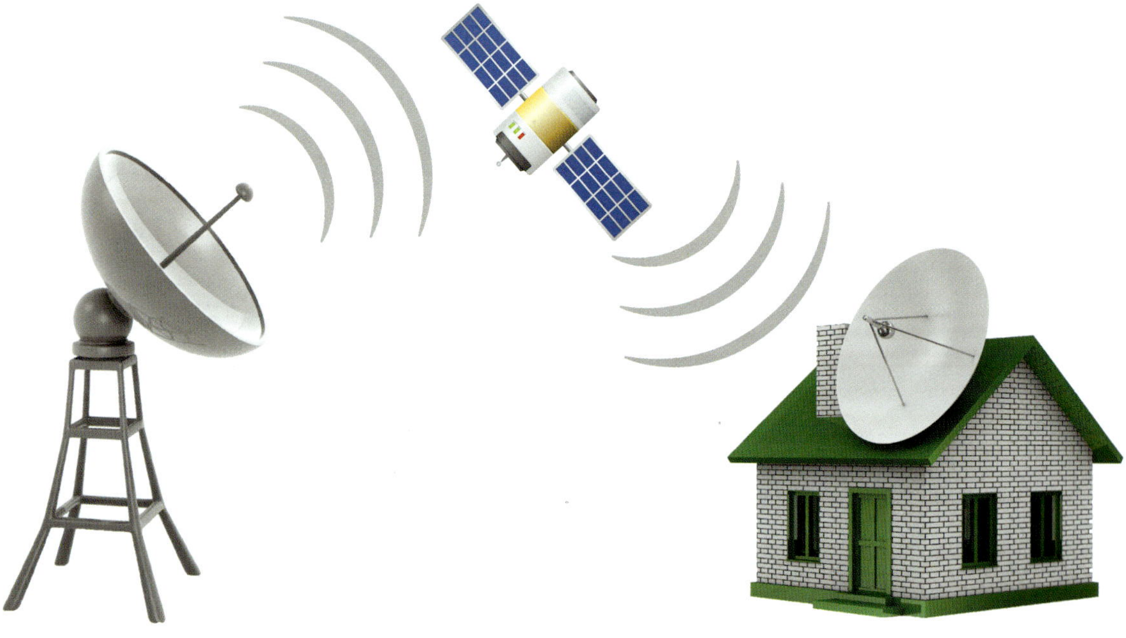

# La comunicación moderna

En 1914 se llevó a cabo la primera llamada telefónica a través del país. En la década de 1940, los teléfonos se pudieron instalar en los automóviles Y en 1973, se desarrolló el primer sistema de teléfono celular, aunque llevó otros diez años para que estos teléfonos se vendieran.

## El ladrillo

El primer teléfono celular de mano a la venta al público, el Motorola DynaTAC 8000X, fue comprado en los EE. UU. el 13 de marzo de 1984. ¡Costó casi $4.000! Era tan grande y pesado, que sus creadores lo llamaron "el ladrillo".

A medida que la tecnología se perfeccionó, el teléfono inteligente, un teléfono celular que funciona como una computadora, cambió considerablemente la comunicación.

Los teléfonos celulares se utilizan dentro de una red celular. El teléfono convierte las voces en una señal eléctrica. Esta señal se envía en forma de ondas de radio. El teléfono receptor convierte las señales en sonido. Estos teléfonos funcionan como transmisores y receptores de señales. Sin embargo, la señal que se puede enviar desde un teléfono portátil tiene un corto alcance.

## La anatomía de un teléfono inteligente

Los teléfonos inteligentes generalmente incluyen una pantalla táctil, conexión a Internet, lentes de cámara, transmisión de video y un sistema que puede ejecutar aplicaciones o "apps", además de la capacidad de comunicación por teléfono o por texto. Los avances tecnológicos continuarán perfeccionando los teléfonos inteligentes en el futuro.

La red celular divide las regiones en celdas. Una celda es una sección hexagonal con una estación base, o antena de telefonía. Estos enormes receptores captan la señal celular de un teléfono. Las antenas transmiten la señal a la siguiente antena de telefonía en dirección a la persona que se está llamando. Esta transmisión rápida permite realizar llamadas a través de distancias largas.

Un número limitado de frecuencias para las ondas de radio provoca otro problema. Las señales de envío y de recepción necesitan frecuencias separadas. Las redes celulares reutilizan las frecuencias de las otras celdas a medida que se mueven de una antena a otra antena.

**Dato clave**

Más del 90 por ciento de los adultos estadounidenses tienen un teléfono celular.

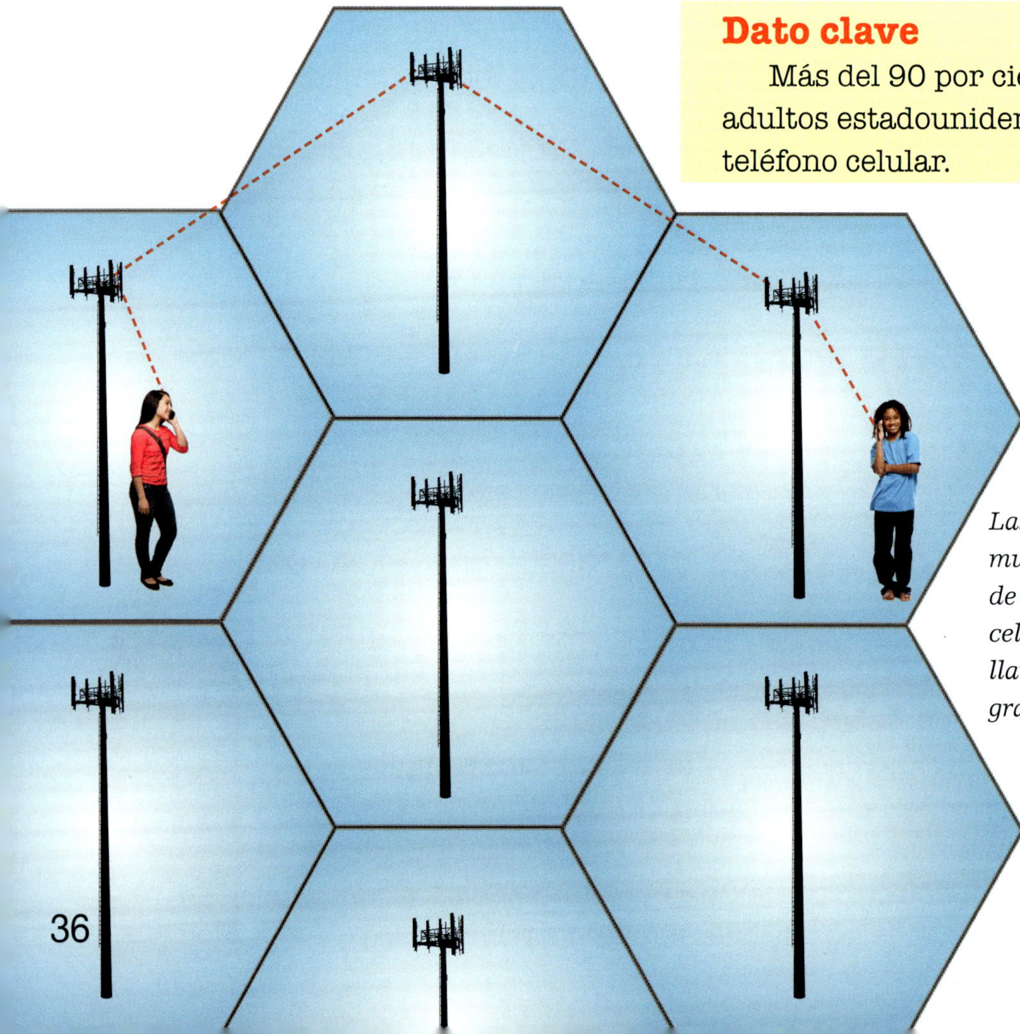

*Las señales celulares se mueven desde una torre de celda a otra torre de celda, transmitiendo llamadas a través de grandes distancias.*

Las computadoras para los negocios y para el hogar dieron paso a Internet, como ya sabemos. Internet está compuesto de decenas de miles de redes interconectadas. Estas redes interconectadas están operadas por proveedores de servicios, empresas, universidades y gobiernos.

Anteriormente, en 1939, se utilizaban computadoras del tamaño de una habitación. Estas computadoras creaban tablas matemáticas utilizando tubos al vacío y tarjetas perforadas para hacer cálculos. Las versiones posteriores cambiaron rápidamente a medida que la tecnología se desarrolló.

## El primer punto-com

El primer nombre de dominio punto-com se registró el 15 de marzo de 1985. Al cabo de dos años, se habían registrado solamente 100 empresas punto-com. En 1990, Tim Berners-Lee desarrolló "HyperText Markup Language" (HTML), lo que llevó al "World Wide Web".

*La computadora de Tim Berners-Lee se convirtió en el primer servidor web del mundo.*

Durante las siguientes décadas, las empresas continuaron mejorando y desarrollando nuevas tecnologías para aumentar las capacidades de las computadoras.

En 1969, se desarrolló el lenguaje de programación y la compañía Intel creó el **microprocesador** para las computadoras, mientras que cuatro universidades crearon un enlace que se convirtió en Internet. Los microprocesadores son los chips de las computadoras que tienen dispositivos eléctricos.

*El UNIVAC I ("Universal Automatic Computer I") fue la primera computadora comercial producida en los Estados Unidos. Fue utilizada por la Oficina del Censo de EE. UU. en 1951. Finalmente, cada una de las 46 computadoras se vendió por más de un millón de dólares.*

Bill Gates desarrolló la microcomputadora Basic en 1974. Le siguieron el ratón de computadora y las computadoras personales. Sin embargo, los primeros precios eran demasiado costosos para la mayoría de las personas.

El bit es la unidad más pequeña de información en el sistema binario. Ocho bits forman un byte, una unidad completa que funciona o almacena información. La corriente eléctrica interpreta los bytes para hacer letras de números en el código digital.

El elemento electrónico en las computadoras es el chip de circuito integrado (IC), un diminuto microchip que tiene múltiples transistores. Los transistores de la computadora controlan los circuitos eléctricos. Los circuitos representan la información como números y letras. La corriente utiliza el sistema binario digital para indicar si la computadora está encendida o apagada, utilizando ceros (0) o unos (1).

Los años que abarcan desde 1975 hasta 1999 trajeron la tecnología digital que cambió radicalmente la forma en que las personas se comunican. Para 1981, estaban disponibles las primeras computadoras personales. El almacenamiento digital aumentó con el desarrollo de los DVD (Disco Versátil Digital) y los CDs (Discos Compactos).

En 1990 se desarrolló el Protocolo de Transferencia de Hipertexto (HTTP). Esta es la base de comunicación de datos para el World Wide Web. El Hipertexto define cómo se configuran y transmiten los mensajes, y qué acciones deben tomar los servidores web y los navegadores en respuesta a varios comandos.

**Dato clave**

La HDTV (televisión de alta definición) fue desarrollada en 1998. El servicio de Internet de banda ancha estuvo disponible en 1999.

En 1977, Tandy Radio Shack produjo la primera computadora de sobremesa, el TRS-80. La década de 1980 trajo mejoras y una mayor portabilidad de las computadoras, al igual que precios más bajos.

## Cara a cara, finalmente

En 2010, Skype hizo posible y asequible la comunicación cara a cara a larga distancia con un servicio de video chat.

Desde el año 2000, Internet ha revolucionado el intercambio de información y el entretenimiento. Los libros digitales se introdujeron y al año siguiente salieron los iPods. Para el año 2002 todos los televisores podían recibir la programación digital.

Steven Jobs presentó la primera tableta iPad en el 2010, una idea revolucionaria.

### Semillas de cambio

Steve Wozniak y Steve Jobs comenzaron su nueva compañía, Apple Computer, Inc. en 1977. Al año siguiente continuaron con el Apple II. Las innovaciones de Apple en la tecnología de la comunicación han cambiado el mundo.

Steve Wozniac

Steve Jobs
1955 – 2011

El Sistema de Posicionamiento Global (GPS) es un sistema de navegación basado en 24 satélites puestos en órbita por el Departamento de Defensa de los EE. UU. Localiza las posiciones de los objetos y proporciona direcciones a través de mapas interactivos en los teléfonos inteligentes y las computadoras.

## Dato clave

En la década de 1980, el gobierno de EE. UU. puso el GPS a la disposición de todos, después de su utilización militar.

*Un miembro de la Fuerza Aérea de EE. UU. supervisa las operaciones de satélites del Sistema de Posicionamiento Global.*

Los satélites GPS orbitan la Tierra dos veces al día. Los transmisores envían información a la Tierra. Los receptores GPS capturan la información. Ellos **triangulan** la ubicación a través de tres satélites, lo que significa que el receptor GPS compara el tiempo de transmisión de la señal con la recepción de al menos tres satélites. La diferencia de tiempo le dice al receptor a qué distancia está el satélite. Los otros satélites también proporcionan mediciones de distancia para localizar los lugares.

Imagínate que llevaras tu teléfono inteligente al pasado, a una época en la que las comunicaciones escritas eran entregadas personalmente y nadie había oído hablar de la televisión. ¿Qué podrían pensar del dispositivo en tu mano cuando les mostraras todo lo que es capaz de hacer? Desde la música, a las películas, a los mensajes instantáneos, la tecnología de ondas ha transformado cómo el mundo se comunica, y pone las maravillas del mundo al alcance de tus manos.

# Cronología

**1831:** Joseph Henry inventa el primer telégrafo eléctrico.

**1835:** Samuel Morse desarrolla el código Morse.

**1873:** James Clerk Maxwell descubre el campo electromagnético.

**1876:** Alexander Graham Bell patenta el teléfono eléctrico.

**1876:** Emile Berliner inventa el primer micrófono.

**1877:** Thomas Edison inventa el fonógrafo de cilindro.

**1887:** Emile Berliner inventa el fonógrafo de disco.

**1895**: Guglielmo Marconi descubre las señales de radio.

**1901:** Marconi se comunica a través del Atlántico con señales de radio.

**1912:** Primera emisión de radio; se firma la Ley de la radio.

**1914:** Hiram Percy Maxim funda la "American Radio Relay League" de operadores radioaficionados.

**1916:** Los radios con diferentes estaciones se hacen disponibles.

**1921:** El radio amateur llega a todo el mundo.

**1926:** NBC establece la primera cadena de radiodifusión.

**1927:** Philo Farnsworth envía la primera imagen de televisión.

**1941:** Se lleva a cabo la radiodifusión en FM desde Nueva York, a pesar de que no se extendió hasta la década de 1950.

**1948:** Primera emisión regular de los programas de televisión por cuatro redes, NBC, CBS, ABC, y DuMont.

**1954:** Se desarrollaron los primeros televisores en color y los primeros transistores de radio salen a la venta.

**1969:** Se desarrollan los lenguajes de programación.

**1973:** Se desarrolla el primer sistema de telefonía celular.

**1983:** Los teléfonos celulares se ponen a disposición del público.

**1993:** Se hace público el World Wide Web.

**2001:** Salen al mercado los primeros dispositivos de comunicación como Palm OS, Blackberry OS y Windows CE.

**2002:** Todos los televisores pueden recibir la programación digital y se lanza el radio por satélite.

**2003:** iTunes se hace disponible.

**2008:** Primera disponibilidad de Wi-Fi durante los vuelos de avión.

**2010:** La tableta iPad sale al mercado; se introduce Skype; se desarrollan el iPhone 4 y Facetime.

**2012:** Mil millones de personas en todo el mundo utilizan teléfonos inteligentes.

# Glosario

**amplitud:** la altura de una onda
**circuito integrado:** un diminuto microchip que contiene un gran número de transistores
**compresión:** la ubicación en una onda donde las moléculas están comprimidas
**espectro:** un rango entre dos puntos determinados
**frecuencia:** la rapidez con que una onda vibra por segundo
**longitudinal:** ondas moviéndose paralelamente a la dirección del movimiento de la onda
**microprocesador:** los chips de la computadora que tienen dispositivos eléctricos
**modulada:** la variación de las propiedades de una onda
**ondas electromagnéticas:** una forma de energía radiante con diferentes longitudes de onda
**oscilar:** movimiento regular hacia delante y hacia atrás
**píxeles:** todos los puntos disponibles en una rejilla
**rarefacción:** el lugar en un ciclo de la onda donde las moléculas están más alejadas
**transistores:** pequeños interruptores y amplificadores electrónicos
**transversales:** que se extienden o que se hallan atravesados de un lado a otro
**triangular:** el proceso de comparación de tres puntos diferentes para determinar una ubicación

# ÍNDICE



# Demuestra lo que sabes

1. Explica cómo las ondas mecánicas difieren de las ondas electromagnéticas.
2. Discute la importancia del descubrimiento de las ondas de radio de Marconi.
3. ¿Por qué es necesaria la comunicación rápida y cómo esto llevó a la tecnología que se utiliza hoy en día?
4. ¿Cuál es la relación entre el tamaño de las ondas y la intensidad?
5. ¿De qué forma las computadoras cambiaron la forma en que las personas se comunican?

# Sitios para visitar en la red

www.physicsclassroom.com/Physics-Interactives/Waves-and-Sound
www.acs.psu.edu/drussell/Demos/waves/wavemotion.html
www.visionlearning

# Sobre la autora

Shirley Duke disfruta al comunicar información cuando escribe para los jóvenes. Ella utiliza las ondas de información todos los días, especialmente para aprender sobre nuevos temas y mantenerse al día con los amigos. Shirley vive, junto a su esposo, en las montañas Jemez de Nuevo México.

**¡Conoce a la autora!**
www.meetREMauthors.com



www.rourkeeducationalmedia.com

PHOTO CREDITS: Cover © bluebay, nmedia; Page 4 © DNY59, Wikipedia; Page 5 © Wikipedia, Charles Mann Photography, Page 6, 25 © jrabelo, Page 7, 8, 29 © Library of Congress; Page 9 © ktsdesign/Science Source; Page 10 © brunoil, Cathleen A Clapper; Page 12 © SCIENCE PHOTO LIBRARY; Page 16 © lchumpitaz, NASA; Page 17 © Moreno Soppelsa; Page 18 © TommyIX; Page 19 © iDesign; Page 20 © alexsalcedo; Page 21 © NASA/JPL-Caltech, Wikipedia, United States Environmental Protection Agency; Page 22 © LIFE Photo Archive; Page 23 © MartinLisner; Page 24 © Everett Historical; Page 26 © i3alda; Page 27 © franckreporter; Page 28 © 3Dsculptor, Wikipedia, Bettmann/Corbis/AP Images; Page 29 © Bettmann/Corbis/AP Images; Page 30 © alexsl, AniLiang186682777408; Page 31 © SilverV; Page 32 © HultonArchive; Page 33 © Ew Chee Guan; Page 34 © ZargonDesign, sputnikos, ISerg; Page 35 © Matjaz Boncina; Page 36 © Aldo Murillo, Kalman Otto; Page 37 © Wikipedia; Page 38 © U.S. Census Bureau; Page 39 © St3fano; Page 40 Inaki Antonana; Page 41 © Lisa F. Young; Page 42 © Al Luckow, Wikipedia; Page 43 © Paul Fleet; Page 44 © Ashish Raj Shrestha

Edited by: Keli Sipperley
Translated by: Dr. Arnhilda Badía
Cover design by: Nicola Stratford www.nicolastratford.com
Interior design by: Jen Thomas

**Library of Congress PCN Data**

Las ondas de información / Shirley Duke
(Exploremos las Ciencias)
ISBN 978-1-68342-111-5 (hard cover)
ISBN 978-1-68342-112-2 (soft cover)
ISBN 978-1-68342-113-9 (e-Book)
Library of Congress Control Number: 2016946734

**Also Available as:**
ROURKE'S e-Books

 Printed in the United States of America, North Mankato, Minnesota